Christoph Staufenbiel

Demographischer Wandel und die Auswirkungen auf die Ausbildung von Fachkräften in Berlin und Brandenburg

Ein Experteninterview

GRIN Verlag

Bibliografische Information der Deutschen Nationalbibliothek:

Die Deutsche Bibliothek verzeichnet diese Publikation in der Deutschen National-
bibliografie; detaillierte bibliografische Daten sind im Internet über http://dnb.d-
nb.de/ abrufbar.

Impressum:

Copyright © 2007 GRIN Verlag GmbH
Druck und Bindung: Books on Demand GmbH, Norderstedt Germany
ISBN: 978-3-638-93861-7

Dieses Buch bei GRIN:

http://www.grin.com/de/e-book/84914/demographischer-wandel-und-die-auswir-
kungen-auf-die-ausbildung-von-fachkraeften

Universität Potsdam
Institut für Geographie

Arbeitsmethoden der Humangeographie
(Bevölkerungsgeographie)

Hausarbeit

Demographischer Wandel
und die Auswirkungen auf die Ausbildung von Fachkräften
in Berlin und Brandenburg

Ein Experteninterview

Christoph Staufenbiel

Inhaltsverzeichnis

1. Einleitung

Eine der wichtigsten Herausforderungen für die Entwicklung in Berlin/Brandenburg stellt die Sicherung der Fachkräftebasis dar.

Die Brandenburger Fachkräfteprognose zeigt einen beachtlichen Bedarf an qualifizierten Fachkräften. *„In den kommenden Jahren ist mit einem Fachkräftebedarf von annähernd 100.000 Personen in der Wirtschaft zu rechnen. Bis zum Jahr 2015 werden weitere 100.000 Personen in den Betrieben benötigt."*[1]

„Jeder vierte Beschäftigte muss bis zum Jahr 2015 ersetzt werden. Jede fünfte neu eingestellte Fachkraft wird dabei den Abschluss einer Fachhochschule oder Universität benötigen." [2]

Bereits heute sind Engpässe in der Versorgung mit hoch qualifizierten, gewerblich technischen Fachkräften in Landwirtschaft, Dienstleistung und Industrie sichtbar.

Betriebe werden immer früher mit der Problematik des Fachkräftemangels konfrontiert werden, wenn Fachkräfte nicht frühzeitig gesichert werden.

Die wirtschaftliche Entwicklung entscheidet darüber, in welchem Umfang und mit welchen Qualifikationen Fachkräfte benötigt werden oder gezwungen sind, abzuwandern. Letzteres bedeutet ein Verlust an beruflichen Kompetenzen und Humanressourcen.

In der Brandenburger Fachkräftestudie steht, dass Fachkräfte in den Berufen wie Schlosser, Schweißer, Dreher, Metallbauer und Werkzeugbauer fehlen. *„Engpässe kommen auch bei hochqualifizierten Berufen wie Maschinenbauingenieure, Ingenieure diverser Fachrichtungen für Entwicklungs- und Konstruktionsabteilungen sowie Elektroniker und Softwareprogrammierer hinzu. Neben dem Erweiterungsbedarf wird im Maschinenbau der Ersatzbedarf bis 2010 eine große Rolle spielen"* [3], denn in den nächsten Jahren ist in dieser Branche mit einem beträchtlichen Schub an Renteneintritten zu rechnen. Die Zahl bewegt sich fast in der gleichen Größenordnung wie der Erweiterungsbedarf. Ersatzbedarf plus Erweiterungsbedarf führen dazu, dass bis 2010 neues Personal in einer Höhe von gut 26% rekrutiert werden muss.

---

[1] Czarnetta, Ingrid. Brandenburger Fachkräftestudie. 10.10.2005. Zugriff am 4.4.2007. http://www.berlin-brandenburg.dgb.de/article/view/3897/1/1
[2] Prof. Meier. Berufliche Bildung im Land Brandenburg. 2006. Zugriff am 4.4.2007. www.unipotsdam.de/u/al/mitarbeiter/meier/lehre/bma2/material/BeruflBildUP.ppt
[3] Tschner (Lektorat). Brandenburger Fachkräftestudie. Hrsg: Ministerium für Arbeit, Soziales, Gesundheit und Familie des Landes Brandenburg. August 2005. Zugriff am 4.4.2007. http://www.brandenburg.de/media/1336/fb_26_gesamt.pdf

Eine Herausforderung gilt auch der geschlechtlichen Einschränkung, denn die Begabungsreserven von Frauen werden unzureichend genutzt, besonders in den gewerblich-technischen und naturwissenschaftlichen Berufen. Die weibliche Beschäftigung nimmt in den Industriebranchen (ausgenommen Biotechnologie) ab.

Bei einer Untersuchung wurde der brandenburgischen Fachstudie wurde festgestellt, *„dass immer mehr Frauen Brandenburg verlassen. Im Jahr 2003 zogen 16332 Frauen im Alter zwischen 18 und 30 Jahren aus Brandenburg weg"* [4], woraufhin kein Ausgleich mit Zuzügen stattgefunden hat. Dies ergab einen Wanderungsverlust von 5608 Frauen. Als Grund wurde angegeben, dass Brandenburg nicht genügend berufliche Perspektiven anbieten würde.

Die Ausbildungsquoten der ausbildenden Betriebe sind zwar anerkennenswert, allerdings ist der Anteil nicht ausbildender Betriebe noch zu hoch. Positiv ist zudem, dass immerhin drei Viertel der Auszubildenden aus den Industriebetrieben übernommen werden.

In den letzten Jahren strömten aufgrund geburtenstarker Jahrgänge viele Absolventen auf den Arbeitsmarkt, so dass für die Unternehmen sehr günstige Rekrutierungsbedingungen entstanden. Aufgrund der seit der Wende stets sinkenden Schülerzahlen in der Primarstufe wird sich dies jedoch in den nächsten Jahren ändern.

Nach telefonischen Befragungen mit Unternehmen aus dem industriellen Sektor in Brandenburg sind aber positive Ergebnisse entstanden. Insgesamt 40% der befragten Industrieunternehmen sehen sich in einer guten wirtschaftlichen Situation. Immerhin 42% beurteilen ihre wirtschaftliche Lage als befriedigend. Nur 18% waren mit ihrer Situation unzufrieden und bildeten damit die Minderheit. Mehr als die Hälfte streben die Entwicklung neurer Produkte an und interessierten sich für Standorterweiterungen. Dies spricht für eine beträchtliche Dynamik im Industriesektor.

Ziel dieser Seminararbeit ist es, den kommenden Fachkräftemangel, welcher in vielen Prognosen und Trends, speziell für die Region Berlin, Brandenburg, beschrieben wird, durch ein Experteninterview zu untermalen, Gründe für den Fachkräftemangel darzustellen und spätere Lösungsansätze für die Problematik aufzuzeigen.

---

[4] Tschner (Lektorat). Brandenburger Fachkräftestudie. Hrsg: Ministerium für Arbeit, Soziales, Gesundheit und Familie des Landes Brandenburg. August 2005. Zugriff am 4.4.2007 http://www.brandenburg.de/media/1336/fb_26_gesamt.pdf

2. Theorie und Anwendung des Experteninterviews

Interviews sind qualitative Methoden der Datenerhebung und persönliche Befragungen. Zwischen dem Interviewer und dem Befragten besteht eine soziale Interaktion. In unserem Fall war Frau Wolling die Befragte und wir nahmen die Rolle der Interviewer ein.

Im Vordergrund stehen dabei wissenschaftliche Erkenntniszuwächse.

Man unterscheidet im Großen und Ganzen zwei Typen von Experteninterviews: Erstens das explorative Interview, welches dazu dient, *„(…) konzipierte Forschungsvorhaben mit zusätzlichen Informationen wie Hintergrund- und Detailwissen zu konfrontieren und Forschungsfragen zu konkretisieren. (…) Zum zweiten gibt es das systematisierende Interview, wobei es dort um die systematische Datenerhebung zu einem Sachverhalt geht.“*[5] Dieses dient dazu, den Sachverhalt aus verschiedenen Perspektiven zu betrachten.

Idealerweise wird das Experteninterview von einem Sachinteresse getragen. Bei uns ist das Thema der demographische Wandel und ob dieser Auswirkungen auf die Ausbildungen von Fachkräften hat. Der Experte sollte von der Motivation geleitet werden, über seinen spezifischen Fachbereich zu berichten. Frau Wolling befasste sich schon länger mit dem Thema. Diese Sachmotivation ist der eigentliche Antrieb für die bereitwillige Unterstützung durch den befragten Experten. Es werden Zusammenhänge dargestellt, wobei darauf geachtet werden muss, dass dies nicht gegen den Willen des Befragten geschieht. Voraussetzung ist aber dafür, dass der Befragte über eine gewisse Grund- bzw. Sachkenntnis verfügt. Dies ermöglicht dann eine Aufrechterhaltung der Befragungssituation.

Als erstes muss aber geklärt werden, welche Person sich als Experte eignet. Ein Mensch eignet sich nicht als Experte, wenn dieser über kein empirisches Wissen verfügt. Als Experte gilt einer, wer über einen längeren Zeitraum sich fachspezifisches Wissen angeeignet hat.

Ein Experteninterview muss vorbereitet werden. Zudem muss vorhandenes Wissen gesichtet und strukturiert werden. Überdies müssen die Fragestellungen klar sein.

Zunächst könnten Hypothesen formuliert werden, um zu erkennen, wie der gesuchte Sachverhalt aussehen könnte. Als nächstes muss sich ein passender

---

[5] BOGNER, Alexander (2005): Das Experteninterview: Theorie, Methode, Anwendung.

Interviewpartner finden. Die Kontaktaufnahme kann schriftlich oder telefonisch erfolgen, jedoch sollte schon den Inhalt und das Ziel genau darlegt werden.

Bei Frau Wolling erfolgte die Kontaktaufnahme unsererseits telefonisch. Bevor wir das Interview begannen, erwies es sich als hilfreich, einen Leitfaden zu erstellen.

Der Leitfaden ist eine Einstiegshilfe für das Interview, was man unter dem Punkt 4.1. finden kann. Dieser dient als erster Orientierungsschritt. In der Regel hat dieser Leitfaden drei Teile: Erstens erfolgt die Eröffnung des Interviews mit der Begrüßung, dann erfolgt der Hauptteil, welcher die eigentliche Fragestellung umfasst. Die Fragen sollte man sich im Voraus überlegen. Der Abschluss des Interviews ist der dritte Teil des Leitfadens, der eine Danksagung enthalten sollte. Dies alles sollte beim Durchführen beachtet werden, um einen eventuellen Zeitdruck zu vermeiden. Nach der Erstellung des Leitfadens folgt die Durchführung. Um das Gespräch aufzuzeichnen nutzten wir ein Diktiergerät, da dies auch die spätere Auswertung des Interviews erleichterte.

Des Weiteren ist es wichtig, den Ort, die Zeit und die Teilnehmer zu benennen. Der Ort, wo das Experteninterview stattgefunden hatte, war die Presseabteilung der Arbeitsagentur in Potsdam im Zeitraum von 9 Uhr bis 10 Uhr am 27.3.2007. Um das Interview nicht ins Unübersichtliche laufen zu lassen, hielten wir uns an die Fragestellungen. Als letzter Schritt des Ganzen erfolgt die Auswertung des Experteninterviews.

Dies sollte im Großen und Ganzen vollständig sein. Wenn eine vollständige Auswertung des Interviews erfolgt ist, kann ein Fazit (Punkt 5.) gezogen werden.

3. Grundlagen, Trends und Prognosen zum demographischen Wandel und zum Fachkräftemangel

3.1 Demographischer Wandel in Brandenburg und Berlin

Wie zukunftsträchtig sind manche Regionen in Brandenburg und Berlin? Das stellt sich als zentrale Frage in den Mittelpunkt der Betrachtung. Schließlich gibt es viele beunruhigende Aussagen. Die Bundeszentrale für politische Bildung spricht von einer *"drastischen Bevölkerungsentwicklung in Deutschland – zunehmend mehr alternde Menschen werden das heutige Sozialsystem lahmlegen"* [6]. Diese Aussagen lesen wir ständig in unseren Nachrichten. Das Berliner Institut für Bevölkerung und Entwicklung hat mehrere Studien und Szenarien des demographischen Wandels der Nation veröffentlicht. Titel wie *„Liegt ein Schlüssel zur Demographie in den Genen?"* [7] liest man oft in den Schlagzeilen.

Ob Frauen Kinder bekommen, ist offenbar nicht allein eine Frage der gesellschaftlichen Umstände. *„Wann, mit wem und wieviel Nachwuchs sie bekommen, wird auch durch ihr evolutionäres Erbe bestimmt – und durch die hormonelle Verfassung, in der sie sich befinden."* [8] vom 31.1.2007, ein Artikel spricht vom 28.6.2006 *„Kinder - nein Danke!"* in die Schlagzeilen und vom 20.3. *„Deutschland weltweit Schlusslicht bei Geburtenrate"*.[9]

Dieses Thema ist also sehr aktuell. Warum gerade Deutschland Schlusslicht bei der Geburtenrate ist, ist eine wirklich bedeutende Frage. Liegt es an der Gesellschaft? Legen die Frauen zu viel wert auf Karriere? Wie läuft es in anderen europäischen Staaten? Im Allgemeinen könnte sich Deutschland zur Verbesserung der Lage an den Nachbarländern orientieren. Andere Fragen bezüglich des demographischen Wandels wären: Welche Eigenschaften oder Besonderheiten charakterisieren die gegenwärtige Demographie? Zunächst ist es das drastische Geburtendefizit, die zunehmende Alterung und selektive Wanderungen, die die Hauptursache darstellen. Es stellt sich vor allem die Frage, warum Deutschland unter einem Geburtendefizit

---

[6] Dr. Weber, Andreas. 31.Januar 2007, 29. Ausgabe (Newsletter) Zugriff am 4.4.2007.
http://www.berlin-institut.org/newsletter/29_31_Januar_2007.html#Artikel0
[7] Dr. Weber, Andreas. 31.Januar 2007, 29. Ausgabe (Newsletter) Zugriff am 4.4.2007.
http://www.berlin-institut.org/newsletter/29_31_Januar_2007.html#Artikel0
[8] Kröhnert, Medicus. 2006. Die demographische Lage der Nation. Zugriff am 4.4.2007. http://www.berlin-institut.org/berlin institut_studie_2006.pdf
[9] Klingholz. 31.1.2007. Zugriff am 4.4.2007. http://www.berlin-institut.org/newsletter/29_31_Januar_2007.html

leidet. Die zunehmende Vergreisung der Bevölkerung lässt sich vor allem durch die verbesserte medizinische Versorgung begründen. Die selektiven Wanderungen lassen sich als Folge hoher Arbeitslosigkeit oder Perspektivlosigkeit in bestimmten Regionen belegen. Regional wirtschaftlich schwache Räume haben mit dem Problem der „ökonomisch motivierten Mobilität" zu kämpfen. In Brandenburg wandern vor allem Frauen aus dem ländlichen Raum ab. Dies führt zur Überalterung der Bevölkerung in den ländlichen Räumen. Akademische Frauen haben auch die höchste Kinderlosenquote.

Bei geschichtlicher Orientierung, kann das Modell des demographischen Übergangs genutzt werden, um die Alterstrukturen in den bestimmten Zeitabschnitten zu beschreiben.

Zu Beginn der 70er Jahre kam es zum so genannten Pillenknick. Die Kinderzahlen je Frau sanken in Ost- und Westdeutschland von 2,5 auf 1,4 ab. Im Jahr 1973 war Deutschland das erste Land überhaupt in dem die Sterberate die Geburtenzahl überstieg.

Aufgrund der DDR-Familienpolitik und der damit verbundenen Bevorzugung von Familien, z.B. hinsichtlich Krediten und deren Tilgung, stieg die Kinderzahl in Ostdeutschland (siehe Abb.1 Bsp. Brandenburg) zunächst wieder an. In Westdeutschland fehlte eine solche Politik und dementsprechend war die Bevölkerung der ehemaligen DDR, trotz des zurückgehenden Einflusses der DDR-Familienpolitik in den späteren 1980er Jahren, zum Zeitpunkt des Mauerfalls wesentlich jünger als die Bevölkerung im Westen Deutschlands.

In Ostdeutschland gab es jedoch einen gravierenden Geburteneinbruch nach der Wiedervereinigung. Die Geburtenziffer halbierte sich innerhalb von zwei Jahren auf ca. 0,7 Kinder je Frau. Gründe waren vor allem die Perspektivlosigkeit und die Ungewissheit nach der Wende. Nur langsam gleicht sich die Geburtenrate Ostdeutschlands wieder an das Westniveau an.

Abb. 1: Entwicklung der Geburtenrate in Brandenburg [10]

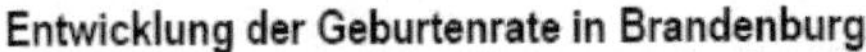

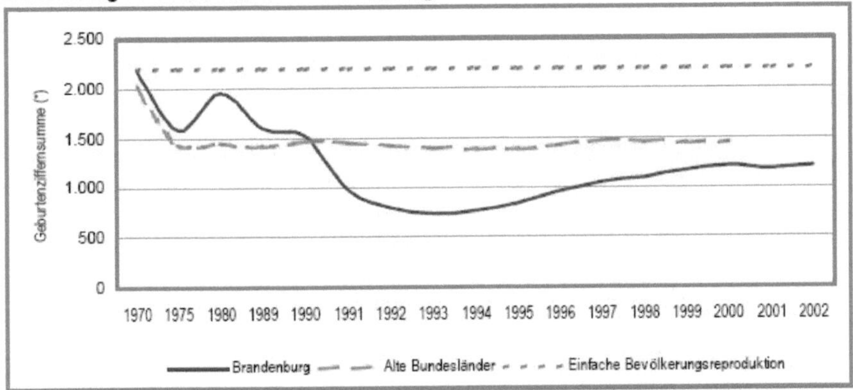

Das Fehlen der für die Bevölkerungsreproduktion notwendigen Geburten ist jedoch lediglich ein Merkmal des demographischen Wandels.

Hinzu kommt die mit der zunehmenden Lebenserwartung verbundene Überalterung der Bevölkerung, welches sich durch die verbesserte medizinische Versorgung begründen lässt.

Aus dem Bericht der Landesregierung zum demographischen Wandel geht hervor, dass die Schere der Lebenserwartung zwischen Ost- und Westdeutschland sich nach 1990 zu schließen begann. Innerhalb von ca. 15 Jahren stieg die Lebenserwartung der Frauen in Brandenburg von 77 auf 81 Jahre und die der Männer von 69 auf mehr als 74 Jahre. Weiterhin ist in jenem Bericht prognostiziert, dass die Mehrzahl der heute 30-jährigen 90 Jahre und älter werden können, was wiederum gravierende Folgen auf das Sozialnetz haben würde.

Der Höhepunkt des Babybooms war im Jahr 1964 und die daraus resultierende breite Basis der Bevölkerungspyramide. In jener Zeit wird sich aufgrund der ständig steigenden Lebenserwartung später in der "Spitze" der Pyramide widerspiegeln (Abb. 2). Von 1990 bis 2002 ist die Zahl der Brandenburger und Brandenburgerinnen, die 65 Jahre oder älter waren, von 314000 auf 440000 Personen gestiegen. In Ostberlin

---

[10] Abb. 1: 2.Bericht der Landesregierung zum demographischen Wandel. 2004. Seite 4. Zugriff am 4.4.2007. http://www.cor.europa.eu/conferences/brandenburg.pdf

sieht es ähnlich aus. Westberlin hat dagegen eine noch ältere Bevölkerung. Dies ist aus dem Bericht der Landesregierung zum demographischen zu entnehmen.

Abb. 2: Altersaufbau Brandenburg [11]

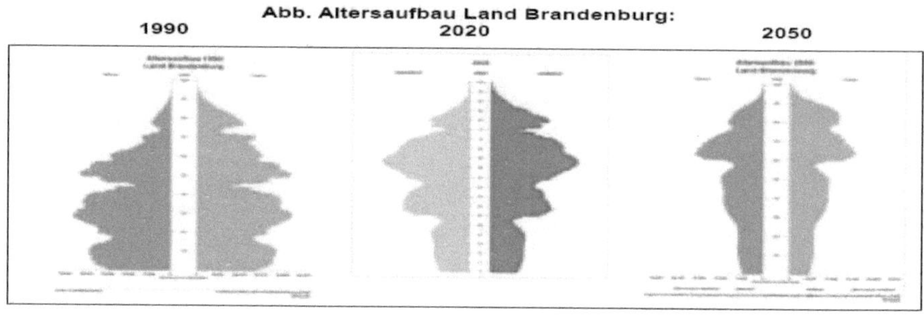

Quelle: LDS, LUA, Bevölkerungsprognose Land Brandenburg 2002 bis 2020

Während des gleichen Zeitraumes stieg ihr Anteil an der Gesamtbevölkerung um 5% an. Dieser Anstieg von 12% auf 17% soll bis zum Jahr 2020 sogar noch auf 25% anwachsen. Damit wäre jeder vierte Deutsche 65 Jahre oder älter.

Zusätzlich zum Geburtendefizit und der Überalterung der Bevölkerung kommt die selektive Abwanderung. Während Regionen wie das Berliner Umland Zuwanderungen zu verzeichnen haben, ist die Peripherie Brandenburgs von zunehmend hoher Abwanderung geprägt. Somit wird im äußeren Entwicklungsraum die rückläufige Bevölkerungstendenz einerseits durch die natürliche Bevölkerungsentwicklung (mehr Sterbefälle als Geburten) und andererseits durch die konstant hohe Abwanderung verstärkt.

---

[11] Abb. 2: 2.Bericht der Landesregierung zum demographischen Wandel. 2004. Zugriff am 4.4.2007. http://www.cor.europa.eu/conferences/brandenburg.pdf

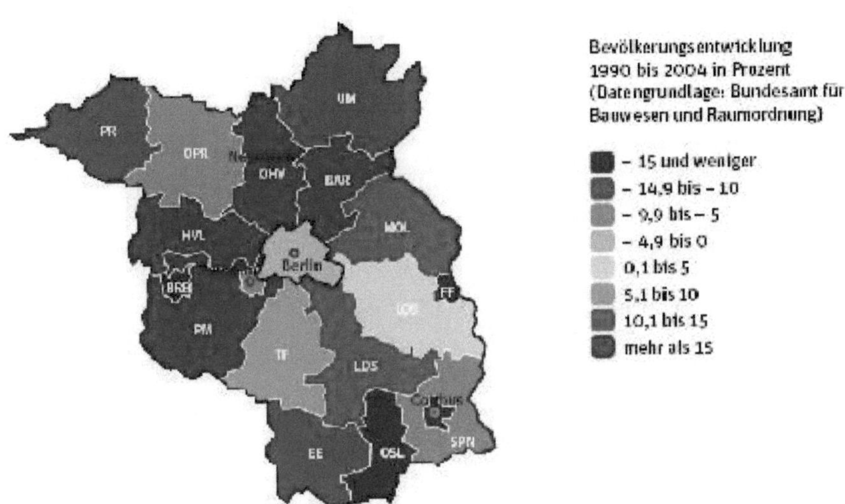

Die in Abb.3 aufgezeigte Bevölkerungsentwicklung erhält ihre Prägung folglich u. a. aufgrund der selektiven Ab- und Zuwanderung. Hinzufügend muss festgehalten werden, dass die Zuwanderung hauptsächlich im Bereich von "Berlins Speckgürtel" erfolgt. Neben der negativen natürlichen Bevölkerungsentwicklung und der Abwanderung sind als Grund dafür die zurückgehenden Zuzüge seit 1997 zu sehen (Abb.4). Vor allem von 2001 bis 2003 schlagen sich fehlende hohe Wanderungsgewinne, wie sie es in den Jahren zuvor gegeben hatte, in der Statistik nieder. Laut der Internetseite des Landes Brandenburgs soll die Bevölkerung von derzeitig 2,58 Millionen Einwohner auf 1,81 Millionen Einwohner im Jahr 2050 zurückgehen. Wie bereits beschrieben, werde der Ballungsraum um Berlin einen Zuzug erfahren und die Bevölkerung in den Berlin ferneren Landesteilen „schrumpfen".

---

[12] Abb. 3: 2.Bericht der Landesregierung zum demographischen Wandel. 2004 , Seite 6. Zugriff am 4.4.2007. http://www.cor.europa.eu/conferences/brandenburg.pdf

Abb. 4: Bevölkerungsveränderung in Brandenburg [13]

Bevölkerungsveränderung in Brandenburg zwischen 1991 und 2003

	1991	1992	1993	1994	1995	1996	1997	1998	1999	2000	2001	2002	2003
Zuzüge	39.074	67.348	79.273	71.847	81.535	93.717	97.332	94.134	90.880	74.389	71.128	69.514	68.098
Fortzüge	60.712	62.211	67.477	56.714	62.333	68.836	68.096	67.869	71.960	66.014	71.801	71.385	67.064
Saldo	-21.638	5.137	11.796	15.133	19.202	24.881	29.236	26.265	18.920	8.375	-673	-1.871	1.034
Geborene	17.215	13.469	12.238	12.443	13.494	15.140	16.370	17.146	17.928	18.444	17.692	17.704	17.970
Gestorbene	31.167	29.352	29.024	28.490	27.401	27.622	26.756	26.327	26.016	26.068	25.889	26.494	26.862
Saldo	-13.952	-15.883	-16.786	-16.047	-13.907	-12.482	-10.386	-9.181	-8.088	-7.624	-8.197	-8.790	-8.892
Gesamt	-35.590	-10.746	-4.990	-914	5.295	12.399	18.850	17.084	10.832	751	-8.870	-10.661	-7.858

3.2 Prognosen und Trends zum Fachkräftemangel

Der demographische Wandel wirkt sich auf die verschiedensten Lebensbereiche aus: u. a. Wirtschaft und Arbeit, Bildung und Kultur sowie Familie, Gesundheit und Soziales.

Im Folgenden wird der demographische Wandel auf den Arbeitsmarkt bezogen, (speziell auf den Bedarf an Fachkräften). Möglicherweise könnte der Eindruck entstehen, dass trotz einer hohen Arbeitslosenquote von rund 9,5% und in Berlin und Brandenburg von rund 19% es genug Arbeitskräfte gibt, jedoch werden unter anderem vom Forschungsinstitut der Bundesanstalt für Arbeit IAB (www.iab.de) andere Prognosen herausgegeben. Der IAB-Bericht sagt aus, dass es in den kommenden Jahren zu einem Fachkräftemangel kommen werde.

Johann Fuchs, ein Wissenschaftler auf dem Gebiet Fachkräftemangel bezogen auf den demographischen Wandel Deutschlands, untersucht diese Thematik genauer. Im IAB Kurzbericht Ausgabe Nr. 11 / vom 26.7.2005 werden *„ (...) den Betrieben langfristig immer weniger und immer ältere Arbeitskräfte zur Verfügung stehen – die Zahl der Jungen sinkt dramatisch".* [14] Dies hat große Einflüsse auf die Neugestaltung der Arbeitswelt der arbeitenden Bevölkerung und der sozialen Sicherungssysteme Deutschlands.

Einen Versuch den Wandel zu gewährleisten und somit der Aufrechterhaltung der sozialen Systeme sicherzustellen ist die Anhebung des Rentenalters auf 67 Jahre. Beschlossen wurde dies vom Kabinett am 29.11.2006 und somit soll ab dem Jahre 2012 das Renteneintrittsalter allmählich steigen, nämlich zwischen 2012 und 2029

---

[13] Abb. 4: 2.Bericht der Landesregierung zum demographischen Wandel. 2004 , Seite 5. Zugriff am 4.4.2007. http://www.cor.europa.eu/conferences/brandenburg.pdf
[14] Fuchs, Johann. Demographische Effekte sind nicht zu bremsen. 27.5.2006. Zugriff am 4.4.2007. http://doku.iab.de/kurzber/2005/kb1105.pdf

schrittweise von 65 auf 67 Jahre zunächst um einen Monat pro Jahr und ab 2024 um zwei Monate pro Jahr.

Im folgenden gehen wir kurz auf den Trendbericht ein:

„Die aktuelle Debatte um die Verlagerung von Arbeitsplätzen ins Ausland zeigt, dass für viele Unternehmer Deutschland an Attraktivität verliert. Deutschland kann seinen Wirtschaftsstandort nur mit Hochtechnologie halten, um eine nachhaltige Innovationsfähigkeit zu gewährleisten." [15]

„Dies erfordert den Einsatz gut ausgebildeter und gewachsener Fachkräfte (…). Es kann festgestellt werden, dass es (…) zu einer Höherqualifizierung im Beschäftigungssystem kommt." [16]

Auch kann gesagt werden, dass die Akademiker das mit Abstand niedrigste Arbeitslosigkeitsrisiko trugen. Die Bundeszentrale für politische Bildung sagt, dass

„ (…) bei den beiden anderen Gruppen, jenen mit einer abgeschlossenen Lehre oder einem Fachschulabschluss und jenen ohne jeglichen Berufsabschluss, verliefen die Entwicklungen ungünstiger. Während die mittlere Ebene noch unterdurchschnittlich vom Fachkräftemangel betroffen war, verschlechterten sich die Arbeitsmarktchancen der gering Qualifizierten zunehmend…"[17]. Im Jahr 2002 waren in Westdeutschland jede fünfte und im Osten sogar jede zweite Erwerbsperson ohne Berufsabschluss arbeitslos. Der Bericht sagt weiterhin aus, dass es zu einer Schere des Arbeitslosigkeitsrisikos zwischen den unteren und oberen Qualifikationsebenen kommt.

Besonders ausgeprägt ist dies in den ostdeutschen Bundesländern. Es wird zu deutlichen Stellenverlusten für gering Qualifizierte, leichte Gewinne für beruflich Qualifizierte, vor allem aber große Stellenzuwächse bei den Hochschulabsolventen - vor allem im Ingenieursbereich kommen.

„Ihr Beschäftigungswachstum betrug zwischen 1975 und 2000 in Westdeutschland fast 180 Prozent. Genau umgekehrt verhielt es sich bei den gering Qualifizierten." [18]

---

[15] Hummel, M. , Reinberg, A. Fachkräftemangel bedroht Wettbewerbsfähigkeit der deutschen Wirtschaft. 9.10.2006. Zugriff am 4.4.2007. http://www.tmu-business.de/Personal_Bewerbung_Karriere_Vermittlung/personal_branchen_news_nachrichten.php
[16] Bundesagentur für Arbeit. Zugriff am 4.4.2007. http://www.studienwahl.de/index.aspx?e1=2&e2=4&e3=1&e4=0&e5=0&e6=0&tn=0
[17] Hummel, M. , Reinberg, A. Fachkräftemangel bedroht Wettbewerbsfähigkeit der deutschen Wirtschaft. 9.10.2006. Zugriff am 4.4.2007. http://www.bpb.de/popup/popup_druckversion.html?guid=ST8TQ7
[18] Hummel, M. , Reinberg, A. Fachkräftemangel bedroht Wettbewerbsfähigkeit der deutschen Wirtschaft. 9.10.2006. Zugriff am 4.4.2007. http://www.bpb.de/popup/popup_druckversion.html?guid=ST8TQ7

Ihr Beschäftigungsniveau halbierte sich im Betrachtungszeitraum nahezu ungebremst.

Nach der IAB/ Prognose - Projektion zur Veränderung der Tätigkeitslandschaft werden anspruchsvolle Tätigkeiten, hierzu zählen Führungsaufgaben, Organisation und Management, qualifizierte Forschung und Entwicklung, Betreuung, Beratung, Lehren und ähnliche Tätigkeiten, im projizierten Zeitraum massiv an Bedeutung gewinnen. Einfache Fachtätigkeiten und Hilfstätigkeiten werden hingegen immer weniger nachgefragt.

„Der langfristige Trend einer zunächst alternden und anschließend stark schrumpfenden Bevölkerung ist praktisch irreversibel." [19]

Abb. 5 Schülerabgangszahlen in Brandenburg [20]

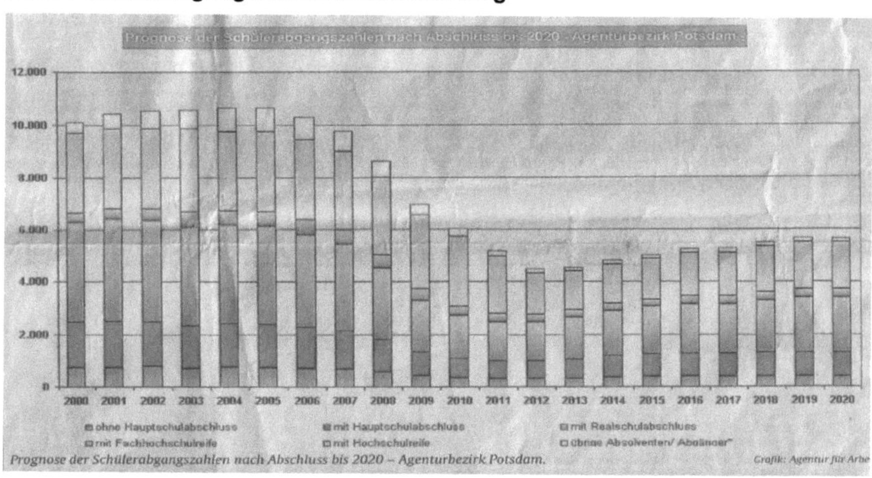

Prognose der Schülerabgangszahlen nach Abschluss bis 2020 – Agenturbezirk Potsdam.   Grafik: Agentur für Arbe

In Brandenburg (Abbildung 5) und in Deutschland wird es 2010 nochmals zu einem Knick der Schülerabgangszahlen kommen.

„Selbst ein deutlicher Anstieg der Geburtenraten, wofür derzeit allerdings nichts spricht, oder Zuwanderung in wirtschaftlich und gesellschaftlich vertretbarer Größenordnung können diesen Trend bestenfalls bremsen, nicht aber stoppen. Langfristig gesehen steht einer steigenden Zahl an älteren Menschen ein

---

[19] Der Weg in die Wissensgesellschaft. Zugriff am 4.4.2007. http://www.unimagazin.de/200302/08.pdf
[20] Abb. 5: Schülerabgangszahlen in Brandenburg Hrsg.; Potsdam am Sonntag. S.10. 21. Mai 2006.

demografischer Abwärtstrend bei den nachrückenden jungen Generationen gegenüber. Dieser Prozess ist bereits in vollem Gang.“ [21]

Innerhalb bestimmter Grenzen können sinkende Jahrgangsstärken durch erhöhte Qualifizierungsanstrengungen ausgeglichen werden.

„Ähnlich wie die Nachfrage wird sich zwar auch das Angebot in Richtung Höherqualifizierung entwickeln. Aber diese marginalen Veränderungen werden kaum dazu ausreichen, den steigenden Fachkräftebedarf der Wirtschaft zu befriedigen.“ [22]

Bereits bis zum Jahr 2015 ist nach der IAB-Projektion bei Erwerbspersonen mit Hochschulabschluss und *„ (...) in abgeschwächter Form auch bei denen mit abgeschlossener Berufsausbildung mit einer Mangelsituation zu rechnen, während das Angebot an Arbeitskräften ohne Berufsabschluss den Bedarf auch weiterhin übersteigen wird.“* [23]

Die Prognose–Projektion sagt darüber hinaus aus, dass 16% aller Arbeitskräfte einfache Tätigkeiten (Niedriglohnsektor) leisten. Es werden aber immer weniger, denn 1995 gab es 16,7% ohne Ausbildung, 2010 sind es nur noch 11,4% ohne Ausbildung, dies bedeutet speziell ca. 1,5 Millionen Arbeitsplätze.

Bei Betrachtung des Trends der Anforderungen, kann folgende Entwicklung laut der Qualifikationsstruktur festgestellt werden: (Abb. 6 Qualifikationsstruktur)

Es kommt zu einem Zuwachs von Lehr- und Fachschulabschlüssen 1995 von 69,1% auf 71,6% im Jahre 2010, jedoch zum größten Teil auf der Fachschulebene. Geringfügig steigt die Zahl der Hochschul- und Fachschulabsolventen auf 12%. Geringqualifizierte werden mit starken Verlusten rechnen. Auf mittlerer Ebene stagnieren die Zahlen, es steigen die einzelnen Anforderungen in den Berufen, bedingt durch die zunehmende Konkurrenz zwischen den Lehrstellensuchenden auf dem Arbeitsmarkt. Dies ist aus IAB vom 27.5.2006 von Johann Fuchs zu entnehmen.

Es kann also schlussfolgernd gesagt werden, dass vor allem Fachhochschulen und Hochschulen Gewinne verzeichnen.

---

[21] Reinberg, Alexander. Demographischer Wandel und Fachkräftemangel. Zugriff am 4.4.2007. http://www.eundc.de/pdf/20006.pdf

[22] Hummel, M. , Reinberg, A. Fachkräftemangel bedroht Wettbewerbsfähigkeit der deutschen Wirtschaft. 9.10.2006. Zugriff am 4.4.2007. http://www.bpb.de/popup/popup_druckversion.html?guid=ST8TQ7

[23] Der Weg in die Wissensgesellschaft. Zugriff am 4.4.2007. http://www.unimagazin.de/200302/08.pdf

Abb. 6 Qualifikationsstruktur 1995 und 2010 [24]

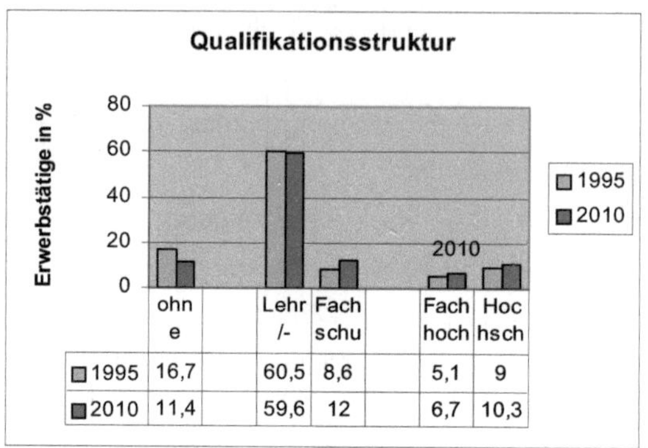

	ohne		Lehr/-	Fach schu		Fach hoch	Hoc hsch
1995	16,7		60,5	8,6		5,1	9
2010	11,4		59,6	12		6,7	10,3

Zusammenfassend kann gesagt werden, dass viele Studien, als Beispiel hier die BLK (Bund – Länder – Kommission) und IAB (Institut für Arbeitsmarkt- und Berufsforschung), den kommenden Fachkräftemangel bestätigen. Die Anforderungen steigen auch bei den Unternehmen, wobei dennoch im Verhältnis mehr Akademiker rekrutiert werden. (Abb. 6). Speziell für Berlin und Brandenburg bedeutet dies , dass es regionale hohe Unterschiede gibt.

In der Zukunft wird vom alternden Lande gesprochen werden und von einer weiteren Verjüngung der Städte. Für Berlin wird der Speckgürtel zunehmend für Familien an Bedeutung gewinnen. Die Berufschancen werden in den kommenden Jahren steigen, jedoch lediglich für Leute, die eine Ausbildung oder ein Studium absolviert haben. In Teilen der Uckermark oder der Prignitz wird sich die wirtschaftliche Lage verschlechtern. Demgegenüber wird der Speckgürtel Berlins an wirtschaftlicher Bedeutung gewinnen.

---

[24] Abb. 6.: „Qualifikationstruktur" (Zahlen aus) Dostal, Werner; Reinberg, Alexander (1999): Arbeitslandschaft 2010 * Teil 2: Ungebrochener Trend in die Wissensgesellschaft. Entwicklung der Tätigkeiten und Qualifikationen. Nürnberg. Zugriff am 4.4.2007.
http://www.iab.de/asp/internet/dbdokShow.asp?pkyDoku=i991104n01

4. Das Interview

4.1 Leitfaden

<u>1. Einführung:</u> Begrüßung

        Vorstellen der Personen und des Ablaufplanes

<u>2. Fragestellung:</u>

Deutschland ist im Allgemeinen und in Zukunft von einem akuten Fachkräftemangel bedroht.

Sind Brandenburg und Berlin besonders von dieser Problematik betroffen?

Gibt es Maßnahmen, die den Fachkräftemangel entgegen wirken?

    Warum fehlen in Deutschland Fachkräfte?

    Ist es in anderen Ländern anders?

    Liegt es an der Gesellschaftsstruktur, dass in Deutschland zu wenige Kinder geboren werden? Worin bestehen hier die Probleme?

Was wird oder kann Deutschland gegen den Fachkräftemangel tun?

<u>3. Abschluss:</u> Danksagung

        Möglichkeit für Rückfragen geben!

4.2. Transkription

Thema: Demographischer Wandel und die Auswirkungen auf die Fachkräfte

<u>Zur Person</u>

„Ich bin Frau Wolling und bin hier die Pressesprecherin bei der Bundesagentur für Arbeit in Potsdam. Ich bin 26 Jahre alt.

Ich absolvierte ein Studium in Schwerin der Verwaltungswissenschaft. Meine Aufgaben hier sind die Leitung der Pressearbeit, die Lenkung der internen Kommunikation, das Schreiben von Newslettern und das Ausarbeiten von neuen arbeitspolitischen Themen.“

1.   Gibt es allgemein einen Fachkräftemangel?

„Allgemein betrachtet ist ein Mangel an Fachkräften in Deutschland bekannt. Speziell gibt es einen Fachkräftemangel in der Altenpflege und in allen medizinischen Berufsgruppen, in den technischen Berufen, speziell die Ingenieure und die Fernfahrer, welche zunehmend gesucht werden. Bei den Fernfahrern ist das Problem der Flexibilität, denn die Fahrer müssen hohe Belastungen aushalten und ein gewisses Maß an Ortsunabhängigkeit mitbringen. Auch werden speziell in unserer Region Arbeiter für Callcenter benötigt. Auch hat sich in den letzten Jahren gezeigt, dass der Landarzt zunehmend an Bedeutung verloren hat. In Berlin gibt zwar das medizinische Personal, jedoch sind beispielsweise die Ärzte sehr unzufrieden, denn sie machen immer noch viele unbezahlte Überstunden.

Allgemein muss man aber sagen, dass hauptsächlich in Berlin Brandenburg sich der Einstieg in den Arbeitsmarkt ohne Fachausbildung als sehr schwierig zeigt.

2.   Ist das Gebiet Brandenburg / Berlin davon besonders geprägt?

Grundsätzlich ist die Region Berlin Brandenburg in Deutschland nicht besonders stark geprägt, denn in anderen Gegenden gibt es noch einen ausgeprägteren Mangel an Fachkräften.

Genau genommen ist der Süden Deutschlands stärker davon betroffen, da sich dort vor allem im Ingenieursbereich die vorhandenen Arbeitsplätze befinden. Der Fachkräftemangel der Alterpflege gibt es in ganz Deutschland, vor allem aber im

Süden, da dort diesen Beruf keiner ausführen möchte. Grund dafür ist vor allem die schlechte Entlohnung. Verkäufer werden speziell im Süden unseres Landes gesucht.

3.	Wirkt sich das im Rest der Bundesrepublik anders aus als in dem Gebiet Berlin/Brandenburg? Welche Region ist am stärksten betroffen?

Wie bereits gesagt, gibt es diese Erscheinung des Fachkräftemangels nicht nur in Berlin Brandenburg. Im Westen gibt es vor allem einen drastischen Mangel an Fachkräften, vor allem im Südwesten.

Das Problem an der Region Berlin Brandenburg sind vor allem die schlechten Arbeitsbedingungen, vor allem aber die schlechte Entlohnung, denn gerade die guten Leute wandern aus unserer Region ab. Ein Grund mehr, dass es auf dem Lande zunehmend zur Vergreisung kommt. Unsere Geschäftsführende Leiterin Frau Edelgard Woythe spricht auch von ökonomisch motivierter Mobilität, dass bedeutet, dass aus dem ländlichen schwachen wirtschaftlichen Regionen, Leute abwandern. Es kommt dort zur Überalterung auf dem Lande und zur Verjüngung der wirtschaftlich besser gestellten Regionen. Der Speckgürtel Berlins profitiert aber ein wenig dadurch.

4.	Unser Thema ist die Untersuchung des demographischen Wandel und ob dies Auswirkungen auf die Ausbildung von leistungsfähigen Arbeitern hat!

Stimmen Sie dieser Meinung zu, wenn ja, warum, wenn nein, warum nicht?

Ja, denn Abwanderung ist das Hauptproblem des demographischen Wandels. Dabei veraltert die ländliche Region. Brandenburg ist im besonderen Maße von der Abwanderung betroffen, denn die höchste Zahl der Abwanderung ist bei jungen Frauen zu finden. Sie erhoffen sich bessere Arbeit- und Ausbildungsmöglichkeiten, sowie attraktive Lebensbedingungen. Es gibt regionale hohe Unterschiede, wobei Berlin und der Speckgürtel Berlins vom Altersdurchschnitt deutlich jünger sind, als die wirtschaftlich schwachen Regionen, wie die Uckermark, der Landkreis Oder Spree, oder die Prignitz.

Es gibt aber noch andere Gründe für die nicht ausreichende Rekrutierung von ausgebildetem Fachpersonal, wie zum Beispiel die schlechten Leistungen der Bewerber oder allgemein die schlechten Arbeitsbedingungen oder ganz besonders die schlechte Entlohnung in manchen Berufsgruppen und sowohl auch die schlechten Arbeitsmöglichkeiten.

5.   An was nach ihrer Meinung liegt es, das Fachkräfte nicht gut genug ausgebildet werden?

Nach meiner Meinung liegt es am Sinken der Schulabgänger, denn von Jahr zu Jahr sinken die Schulabgänger. Von 2010 bis 2015 gibt es nochmals einen erheblichen Einbruch in den Schülerzahlen. Vor allem aber liegt es auch daran, dass die Voraussetzungen bzw. die Fähigkeiten und Fertigkeiten für viele Berufe einfach fehlen, denn viele Berufe haben heutzutage hohe Anforderungen. Wenn man betrachtet, dass allein es in Brandenburg 46000 Arbeitssuchende gibt, wobei es 3000 freie Arbeitsstellen gibt heißt dies nicht, dass man 3000 weniger Arbeitslose hätte. Das Problem liegt also nicht an der Quantität, sondern an der Qualität, denn die Unternehmen stellen mittlerweile hohe Anforderungen an die Arbeitsnehmer, wobei vor allem viele Langzeitarbeitslose Probleme haben, sich an die neuen Gegebenheiten anzupassen.

Das Ausführen der beruflichen Tätigkeiten ist heutzutage einfach mit mehr Anforderungen verbunden als früher. Nach Erfahrungen nach fehlen vielen Leuten einfachste Schlüsselqualifikationen, wie das Beherrschen von einfachsten Umgangsformen und im Bereich der schulischen Fähigkeiten mathematische Grundkenntnisse.

Ein weiterer Grund ist die fehlende Motivation, denn beispielsweise der Beruf der Verkäufer heutzutage hat einen anderen Stand als früher und vor allem demotiviert die schlechte Entlohnung. Ein anderer Grund ist, dass die leistungsstarken Schüler bzw. Arbeitssuchenden abwandern, in den Westen oder in Schweiz oder nach Skandinavien.

6.   Warum wandern Fachkräfte gerade in andere europäische Länder und gibt es nur ausschließlich in Deutschland einen Fachkräftemangel?

Grund hierfür ist vor allem, dass Finden großen Ansehens der betrieblichen Ausbildung in Deutschlands, denn das duale System Schule und praktische Ausbildung im Wechsel bietet dem Auszubildenden gute persönliche Bildungsmöglichkeit und im Vergleich zu unseren europäischen Nachbarländern werden die Leute besser ausgebildet in Deutschland.

Ob die Erscheinung des Fachkräftemangels nur in Deutschland zu sehen ist, kann ich sagen, dass es kein deutsches Problem darstellt, sondern in anderen Ländern offensichtlicher zu sehen ist.

In Europa vor allem in Großbritannien und in der Schweiz und global gesehen, in Australien und Neuseeland werden massenhaft Fachkräfte gesucht. In Dänemark beispielsweise werden 100000 Fachkräfte gesucht. Handwerker und Maschinenbauer und Ingenieure finden gute Arbeitsmöglichkeiten im Ausland.

Grund dafür ist unsere hohe Arbeitslosenquote, denn bei 10% Arbeitslosigkeit liegt die Chance für Unternehmen einen passenden Arbeitnehmer zu finden höher, als beispielsweise bei der Arbeitslosenquote von 3 bis 4%, wie sie teilweise in der Schweiz der Fall ist.

7.   Laut Statistiken gelten die Schüler leistungsschwächer als damals! Warum meinen sie ist das so?

Wie schon erwähnt stellt die Leistungsschwäche der Schüler ein Problem für die Rekrutierung von Fachpersonal dar. Es fehlt die Spezialisierung, denn wenn es beispielsweise Beispiel in einem Jahrgangszug nur zwei Klassen gibt, ist es nicht möglich drei bis vier Fremdsprachen anzubieten. In einer großen Schule ist das Angebot wesentlich größer und meistens besser. Ein weiterer Grund liegt heutzutage, nach meiner Meinung, in der geringeren Einflussnahme der Eltern auf ihre Kindern. Das liegt auch mitunter an der Perspektivlosigkeit der Eltern bei vorhandener Arbeitslosigkeit. Bei den Schülern ist es oftmals so, dass diese selbst besonders in Schulen in Berlin, keine Hoffnung sehen Arbeit zu finden. Bei Emigrantenkindern ist dies auch oft zu sehen.

8.   Hat dies ein wenig mit dem demographischen Wandel zu tun?

Wie schon gesagt, dass dies auf jeden Fall mit dem demographischen Wandel zu tun, denn immer mehr Menschen werden älter und es gibt somit weniger junge Leute, die auf Grund des heutigen Stands ausgebildet werden können. Man könnte denken, wenn es mehr Ältere gibt und wenn die Bevölkerung schrumpft brauchen wir nicht mehr Fachkräfte, aber zur Zeit des Aufschwungs zeichnet sich dieser Mangel deutlich ab.

Andere Länder haben auch damit zu tun und um den Aufschwung nicht zu bremsen werden Fachkräfte benötigt. Irgendwann könnte es wieder sein, dass wieder weniger Fachkräfte, aufgrund der schwindenden Bevölkerung, benötigt werden, jedoch ist es heutzutage so, dass viel mehr Fachkräfte benötigt werden, als zur Verfügung stehen.

9.   Wie kann man nach ihrer Meinung den demographischen Wandel entgegen wirken und wie demzufolge Fachkräfte ausbilden? Was muss verbessert werden?

Man muss vor allem bessere Voraussetzungen schaffen, denn ein Staat erhält sich nur durch Wirtschaftlichkeit und durch Kinder. Die Bedingungen für Familien müssen verbessert werden. Das Elterngeld, was dieses Jahr eingeführt wurde, ist ein erster Schritt, jedoch müssen weitere Verbesserungen folgen. Ein Beispiel für die schlechte Kindertagsbetreuung kenne ich aus dem Raum Stuttgart. Dort schickt man an manchen Einrichtungen die Kinder von 9 bis 12 Uhr zum Kindergarten, muss sie Mittags abholen und kann sie von 14 bis 16 Uhr wiederum dort abgeben. Die Ganztagsbetreuung ist in Deutschland schlecht, wobei es in Berlin und Brandenburg en wenig besser aussieht. Hier sind die Preise für Kinderkrippen und Kindergärten geringer und es gibt es auch wesentlich mehr Kinderplätze.

Fraglich nach meiner Meinung ist auch, warum in Deutschland die geringste Geburtenziffer in Europa hat. Dies könnte unter anderem an der Gesellschaftsstruktur liegen.

Was weiter verbessert werden muss, ist das Schaffen von besseren berufsbegleiteden Angeboten zur Weiterbildung und Fortbildung. Wichtig ist hier die Teilzeitarbeit, wobei sich Arbeitnehmer berufsbegleitend fortbilden können. Außerdem muss es für ältere Langzeitarbeitslose bessere Fortbildung geben. Auch müssen die Eltern mehr Verantwortung für ihre Kinder zeigen, denn wir können die Wirtschaft und unseren Lebensstandard nur erhalten, wenn dies gewährleistet ist. Es muss das Bewusstsein für „lebenslanges Lernen" entwickelt werden. Des Weiteren müssen Behörden Einstellungstrends berücksichtigen, denn ich kenne ich Beispiel, wo in Eberswalde 60 Floristen auf Staatskosten ausgebildet wurden, wobei es nur 5 offene Stellen für diesen Beruf gab.

Was außerdem verbessert werden muss, ist die bessere Abstimmung von Hochschule und Unternehmen. Die Arbeitsagentur bietet Aktionen an, wo sich Junge Akademiker vorstellen und sich Unternehmen, die Leute auswählen. Unsere Abteilung des Hochschulteams macht erste Anfänge, aber müssen weitere Verbesserungen vorgenommen werden.

10.   Brauchen wir überhaupt Fachkräfte, auch wenn sich die wirtschaftliche Lage verbessert hat?

Natürlich brauchen wir Fachkräfte, denn spezialisierte Unternehmen brauchen spezialisierte Arbeiter. Es geht um die Zukunft Deutschlands, denn der Standort Deutschland kann sich nur mit Spitzentechnologie oben an der Weltwirtschaft halten. Andere billige Ware wird bei unseren neuen Konkurrenten den Tigerstaaten und in China produziert, wo die Arbeit einfach günstiger ist. Die Produktion ist mit solchen Produkten in Deutschland, aufgrund des Lohngefüges und der hohen Lohnnebenkosten nicht tragbar.

Und sichtbar wird der wirtschaftliche Aufschwung auch, aber wir müssen weiter machen und Deutschland weiter ach vorne bringen. Die Unternehmen wollen ja in Zeiten des Aufschwungs, wie es jetzt der Fall ist, einstellen, jedoch finden sie oftmals keine geeigneten Leute. Leider wird dies immer erst bewusst, wenn der Prozess auffallend sichtbar ist. In den letzten 12 Monaten gab es von der Unternehmerseite eine starke Steigung von offenen Stellen und da gab es halt das Problem, wie schon in Brandenburg (Frage 6) beschrieben, passende Leute zu finden.

11.   Wie lange oder seit wann gibt es Entwicklung, dass Fachkräfte fehlen?

In Deutschland und besonders Berlin Brandenburg gibt es diese Entwicklung des Fachkräftemangels seit zwei bis drei Jahren.

Debattiert wird dieser Trend schon seit längerer Zeit.

12.   Lässt sich das an konkrete Ereignisse in Brandenburg Berlin knüpfen? (z.B. Wirtschaftskrisen, Konjunkturflauten etc.)

Für Brandenburg kann man sagen, dass saisonale Schwankungen den Arbeitsfachkräftemangel bestärken, denn zum Beispiel im Mai und Juni werden viele Spargelerntehelfer gesucht. Ein Grund für die vielen freien Arbeitsstellen sind unter anderem die fehlende Motivation, der lange Arbeitstag von 12 bis 14 Stunden und die schlechte bezahlte Entlohnung von 3,80 EUR. Ansonsten lässt sich der Fachkräftemangel an der Konjunktur fest machen, denn wenn Unternehmen einstellen, werden ausgebildete Leute gesucht.

13.	In welchen Bereichen gibt es einen akuten Fachkräftemangel oder in welchen steht einer bevor?

Ein akuter Fachkräftemangel besteht in Berlin und in Brandenburg in der Altenpflege. Aufgrund der besseren Wirtschaftslage, die die Länder nun widerfahren werden Ingenieure und Fachkräfte für technische Berufe gesucht. Im Süden Deutschlands werden ganz speziell Triebwerktechniker gesucht.

14.	Kommen Fachkräfte dann aus anderen Ländern, um einen Ausgleich zu schaffen? Wenn ja, aus welchen Ländern ganz speziell?

Für Hilfstätigkeiten beispielsweise, wie in der Erntezeit, kommen die Arbeitskräfte vor allem aus Osteuropa, besonders Polen, Weißrussland und Ukraine. Es gibt aber den Trend, dass diese Menschen mehr und mehr nach Frankreich oder Spanien arbeiten gehen, da es dort bessere Arbeitsbedingungen und mehr Geld gibt. Deshalb gewährt die Bundesagentur staatliche Zuschüsse, diese aber nicht ausreichen, um die Leute hier zu halten. Auch wissen hier, dass mit Hilfe der Greencard viele Inder nach Deutschland kamen, um in der IT – Branche zu arbeiten, diese aber nach und nach ablaufen.

15.	Sie sagten, dass viele Fachkräfte aus wirtschaftlich schwachen Regionen abwandern oder gar aus Deutschland. Lohnt es denn überhaupt für ausgebildete Leute hier zu bleiben?

Natürlich lohnt es sich hier zu bleiben, denn es gibt wirklich Hoffnung für den Arbeitsmarkt und es werden Spezilisten und Fachkräfte gesucht, die aber belastbar sein müssen. Bei den Medizinern werden sich die Arbeitsbedingungen verbessern und allein deshalb lohnt es sich für diese Berufsgruppe. Der Lohn wird allgemein weiter steigen und die Arbeitsmöglichkeiten verbessert.

16.	Worin besteht nun genau der konkrete Unterschied von Gesamtdeutschland und speziell Berlin und Brandenburg zum demographischen Wandel und zum Fachkräftemangel?

Ich kann sagen, dass in ganz Deutschland Fachkräfte gesucht werden. Brandenburg ist eine relativ mit Tourismusgeprägte Region und es finden sich meist Mittelständler, aber keine großen Unternehmen. Die Papierfabrik PCK in Schwedt ist in der ländlichen Region eine Ausnahme. Brandenburg fehlt, wie auch Berlin, gewinnbringende Industrien. In Berlin ist die Metall- und Stahlindustrie abgezogen. Das einzige Industrieunternehmen ist Schering, jetzt von Bayer gekauft, mit 6000 Arbeitsplätzen, wobei auch dort Stellen abgebaut werden. Man kann aber nicht alles schlecht reden, denn in den letzten Jahren hat sich in Berlin aber eine Vielzahl von Dlenstleistungsfirmen angesiedelt, speziell Marketingfirmen und Werbeagenturen. Dort entstanden viele Arbeitsplätze. Betrachtet man den Zusammenhang von Anzahl von Betrieben und den Alterdurchschnitt der Leute kann man sagen, dass in den wirtschaftlich ländlichen Regionen Brandenburgs die Leute veraltern. Der Speckgürtel profitiert durch die Ansiedlung von Betrieben und durch den Auszug der Leute in die Randregionen. Potsdam Mittelmark ist nicht umsonst, die Region mit dem geringsten Alterdurchschnitt in ganz Deutschland. Unsere Region ist aber durch hohe segregierte Erscheinung geprägt, denn in Teilen Berlins, wie Neukölln finden sich auch Häufungen von Menschen mit ausländischen Hintergrund, wobei dort die Arbeitsmöglichkeiten und Ausbildungsmöglichkeiten katastrophal sind.“

Vielen Dank und einen schönen Tag …

4.3   Zusammenfassung der Aussagen

Frau Wollig bestätigt in den Bereichen der Altenpflege, Callcenter Mitarbeiter, der IT – Branche, im Ingenieursbereich und in der Triebwerktechnik einen akuten Fachkräftemangel. Dabei ist die Region Berlin Brandenburg nicht allzu stark betroffen, da sich Berlin und Brandenburg im Gegensatz zu anderen Regionen Deutschlands durch hohe Arbeitslosigkeit auszeichnet und die Branchen des betroffenen Fachkräftemangels sich in anderen Regionen befinden.

Ein größerer Fachkräftemangel besteht in Baden Württemberg und in Bayern. Der Raum Brandenburg Berlin ist aber im Verhältnis zu anderen Regionen Deutschlands durch viele alte Menschen charakterisiert, da viele junge leistungsfähige Personen in andere Region abwandern. Ein Grund für die Abwanderung sind vor allem schlechtere Ausbildungsmöglichkeiten, beispielsweise das Fehlen der Berufsakademien, die schlechten Arbeitsbedingungen, besonders die schlechte Entlohnung, die unter der des Durchschnittseinkommen Deutschlands liegt.

Ältere, treue, ortsabhängige, unflexible Menschen bleiben in den Regionen Brandenburgs. Berlin und Brandenburg dagegen hat trotz des Aufstieges mit hoher Arbeitslosigkeit zu kämpfen und dort ist das Hauptproblem die vielen Emigrationskinder, welche trotz langen Lebens in Deutschlands kein Deutsch sprechen können und somit nicht in der Lage sind in der Schule gute Leistungen zu erbringen.

Übrig bleiben auch hier eher ungebildete Leute. Das Problem liegt aber nicht nur an den Menschen, sondern auch an den Unternehmen.

Ein anderer Grund ist das Steigen der Anforderungen in den Unternehmen und schließlich entsprechen die Jugendlichen nicht den Qualifikationserwartungen der Unternehmen.

Ein Problem besteht weiterhin, speziell bei landwirtschaftlichen Tätigkeiten, in den zu hohen Gehaltsvorstellungen der Deutschen. Diese Arbeit (beispielsweise Erntehelfer) wird zumeist dann mit osteuropäischen Arbeitssuchenden besetzt, die für weniger Lohn die gleiche Arbeit liefern. Der akute oder der bevorstehende Fachkräftemangel liegt also nicht nur am demographischen Wandel.

Entsprechend den Ausführungen von Frau Wolling hat der demographische Wandel auch Auswirkungen auf die Ausbildung von Fachkräften. Im Falle, dass auf dem Land beispielsweise weniger Kinder geboren werden, haben die Schulen weniger

Klassenzüge und demzufolge wird das Angebot der Fächer in den Schulen geringer (zum Beispiel 2 Fremdsprachen, statt 3 Fremdsprachen).

Die Entwicklung des Fachkräftemangels gibt in Berlin Brandenburg seit zwei bis drei Jahren. Nach Frau Wolling müssen also die Bedingungen, damit Fachkräfte ausgebildet werden, verbessert werden. Der Staat muss dabei die Rahmenbedingungen verbessern, er muss Kinderbetreuung, die Ausbildungsmöglichkeiten verbessern. Der Staat muss bessere berufsbegleitende Angebote für ältere Langzeitarbeitslose schaffen. Nach Frau Wolling kann zusammenfassend gesagt werden, dass der Wirtschaftsstandort Deutschland sich nur dann positiv entwickelt, wenn Forschung und Entwicklung weiter in den Mittelpunkt rücken und sich damit Spitzentechnologien mit Hilfe von Fachkräften weiter etablieren können.

5. Schlussfolgerung

5.1 Fazit / Ausblick

Das Problem der fehlenden Arbeitskräfte ist ein allgemein bekanntes Problem, dass sich seit zwei bis drei Jahren auch im Raum Berlin / Brandenburg bemerkbar macht. Wie uns Frau Wolling erzählt hat, gibt es einige Faktoren, die sich auf dieses Problem auswirken. Das hängt nicht nur alleine von der Seite der Arbeitnehmer ab, sondern auch von den hohen Anforderungen der Arbeitgeber.

Das markanteste Problem der Arbeitnehmer ist die fehlende Flexibilität. Sie gehen keine Kompromisse mit den Arbeitgebern ein.

Frau Wolling spricht da das Beispiel der Fernfahrer an, die dringend gesucht werden und deren Bewerber geringe Belastbarkeit aufweisen. Dies demotiviert die Bewerber selbstverständlich und bedeutet bei den Angestellten Unzufriedenheit. Wie auch bei Ärzten, die viel zu schlecht entlohnt werden.

Speziell in dem Gebiet Berlin / Brandenburg ist es fast unmöglich ohne eine Fachausbildung eine Arbeit zu finden.

Ohne die Praxis fällt es den Absolventen natürlich schwer direkt ins Berufsleben einzusteigen. Es gibt auch Akademien die Praxis und Studium miteinander verbinden, dies ist jedoch nicht die Regel. Im Vergleich zu dem Rest von Deutschland steht der Raum Berlin / Brandenburg nicht am schlechtesten dar. Der Süden Deutschlands weist den größten Mangel an Arbeitskräften auf. Der Hauptgrund ist wiederum die schlechte Entlohnung. Den Arbeitnehmern werden nicht genügend Anreize geboten. Frau Wolling sieht das Problem auch speziell bei den Arbeitsbedingungen. Vor allem die schlechte Entlohnung zwingt die Jugendlichen aus Brandenburg auszuwandern und aufgrund dessen vergreist das Bundesland stetig weiter. Die Hauptabwanderungsgruppe in Brandenburg bilden junge Frauen. Diese erhoffen sich von der Abwanderung bessere Arbeits- und Ausbildungsmöglichkeiten und dadurch bessere Lebensbedingungen.

Ein weiteres Problem ist die schlechte Qualität der Bewerber. Dieses hängt mit dem Rückgang der Schulabsolventen zusammen. Denen fehlen wichtige Grundkenntnisse und selbst einfachste Umgangsformen. So werden sie für die Arbeitgeber uninteressant. Frau Wolling prognostiziert ab dem Jahr 2010 ein noch stärkeres nachlassen der Schulabgänger (siehe Abb.5). Es fehlen die Voraussetzungen, um den hohen Anforderungen gerecht zu werden. Den schlechten

Schülern in Berlin / Brandenburg fehlt dadurch die Motivation. Oftmals sind auch soziale Hintergründe für die schlechten schulischen Leistungen verantwortlich. Wie zum Beispiel durch perspektivlose, langzeitarbeitslose Eltern. Selbst für jene ist es schwer nach langer Arbeitslosigkeit wieder ins Arbeitsleben integriert zu werden. Außerdem ist es ein Hindernis, wenn die Eltern der deutschen Sprache nicht beherrschen und somit die Eltern und Kinder verschiedene Muttersprachen haben.

Im Übrigen müssten die Eltern müssen mehr Einfluss auf ihre Kinder nehmen. Die leistungsstarken Schüler wiederum wandern ab. Mehr aus Brandenburg als aus Berlin, wo diese bessere Alternativen haben. Die meisten zieht es jedoch nach Westdeutsachland oder sogar ins Ausland, wo die Entlohnung besser ist.

Das wirkt besonders attraktiv, da die anderen europäischen Länder dringend nach deutschen Arbeitskräften suchen. Im Ausland genießt die deutsche Ausbildung ein großes Ansehen. Das heißt allerdings, dass das Problem des Fachkräftemangels sich auf ganz Europa verteilt. In Dänemark zum Beispiel werden 100000 Arbeitskräfte gesucht und das vor allem in Deutschland. In Skandinavien mangelt es besonders an Handwerkern und Ingenieuren. Bei 16,3% Arbeitslosen in Brandenburg und genau soviel in Berlin, müsste es eigentlich einfach genügend qualifiziertes Personal zu finden. Frau Wolling stellte zudem dar, dass irgendwann dieses Problem sich verringert, wenn die Bevölkerungsanzahl schwindet. Jedoch ist dies im Moment nicht so, denn es werden mehr Menschen gesucht, als tatsächlich vorhanden sind.

Letztlich ist unumstritten, dass spezialisierte Unternehmen, spezialisierte Arbeiter benötigen. Folglich ist besonders die individuelle Qualifikation bedeutend Brandenburg und selbst Gesamtdeutschland muss zunehmend stärker entwickelt werden Selbstverständlich werden in Zeiten des Aufschwungs werden auch mehr Leute eingestellt.

Die Schwankungen in Berlin und Brandenburg sind ziemlich differenziert. Berlin stellt einen großstädtischen Ballungsraum dar , eine Metropole. Dagegen ist Brandenburg eher ländlich angesiedelt, mit Städten um maximal 100000 Einwohner. Deswegen lassen sich auch die Schwankungen der verfügbaren Arbeitskräfte an die Saisonen knüpfen. Auch hier ist wiederum starker Motivationsmangel vorhanden, da die Entlohnung geringfügig ist. Frau Wolling konnte dies sehr detailliert anhand der Spargel- ernte beschreiben. Die Erntehelfer bekommen 3,80€ und müssen 12 bis 14 Stunden am Tag arbeiten. Jedoch werden für diese Stellen, Personen aus Osteuropa eingestellt, da Deutsche die Arbeit verweigern. Diese gehen aber mittlerweile auch lieber nach Frankreich und Spanien, weil sie dort als Erntehelfer besser bezahlt werden. Außerdem herrschen dort auch humanere Arbeitsbedingungen.

Der akuteste Mangel an Arbeitskräften in Berlin und Brandenburg herrscht bei den Altenpflegern. Ein Grund dafür ist abermals die schlechte Bezahlung und außerdem auch noch das schlechte Ansehen dieses Berufs. Die Arbeiter werden dadurch wieder demotiviert. Frau Wolling sagt, dass es sich dennoch lohnt hier in der Region zu bleiben. Es werden händeringend Spezialisten und Fachkräfte gesucht. Sie sagt auch, dass die Gehälter weiter steigen und dass sich auch die Arbeitsbedingungen hier verbessern. Die Region benötigt dringend gewinnbringende Industrien. Diese befinden sich, bei Betrachtung von Gesamtdeutschland mehr im Südwesten Deutschlands.

In Berlin haben sich jedoch in den letzten Jahren zahlreiche Dienstleistungsunternehmen angesiedelt. Hauptsächlich waren dies Marketingfirmen und Werbeagenturen. Das hat die Region entlastet und zahlreiche Arbeitsplätze geschaffen.

Fazit:

In der Region gibt es definitiv einen Arbeitskräftemangel, wie Frau Wolling uns erklärt hat. Das Problem kommt von beiden Seiten, die Arbeitnehmer sind zu unmotiviert und die Arbeitgeber zunehmend höhere Qualifikationen voraus. Die Unternehmen brauchen jedoch spezialisierte Arbeitskräfte.

Die Leute haben es schwer nach der Ausbildung oder nach Langzeitarbeitslosigkeit sofort den Anschluss zu finden. Es müssen also neue Wege gefunden werden, um beide Seiten zu vereinen. Staatliche Fördermaßnahmen wie das Elterngeld sind möglicherweise ein guter Anfang. Das Elterngeld dient als Einkommensersatzleistung und wurde am 1.1.2007 eingeführt.

Schließlich müssten jedoch noch weitere Verbesserungen folgen, um die Region Berlin / Brandenburg wirtschaftlich zu verbessern. Denn nur so kann dem demographischen Wandel entgegengewirkt werden.

5.2 Lösungsansätze

Um dem ganzen Problem des Fachkräftemangels entgegen zu wirken, sagt Frau Wolling, muss einiges in der Region Berlin / Brandenburg verbessert werden. Die Grundidee ist, dass der Staat sich durch Wirtschaftlichkeit und durch Kinder aufrechterhält. Das Elterngeld war schon ein erster Schritt in die richtige Richtung. Die Bedingungen für die Familien hier müssen jedoch noch weiter verbessert werden. Besonders die Ganztagsbetreuung ist schlecht. Zwar hat Deutschland die geringste Geburtenziffer in ganz Europa, trotzdem müssen diese Kinder gut betreut werden, damit potenzielle und qualifizierte Arbeiter aus ihnen werden.

Außerdem ist ein verbessertes Ausbildungssystem unausweichlich. Es müssen mehr berufsbegleitende Angebote geschaffen werden. Es sollten weitere Möglichkeiten zur Weiter- und Fortbildung realisiert werden . Möglich wäre dies, in etwaiger Kombination mit Teilarbeitszeit.

Dies ist die beste Methode, um Beruf und Ausbildung zu vereinen.

Das Angebot für Fortbildungen und Umschulungen für Arbeitslose ist auch sehr dürftig. Nicht umsonst sind sowohl Berlin und Brandenburg mit 16,3% Arbeitslosigkeit „an der Spitze" in Deutschland vertreten. Es müssten Methoden geschaffen werden, um auch diese Menschen wieder ins Arbeitsgeschehen einzugliedern. Die Grundidee ist: ein Bewusstsein für das lebenslange Lernen zu schaffen, das ist der Schlüssel.

6.   Quellen und Literaturverzeichnis

Zu 1

Czarnetta, Ingrid. Brandenburger Fachkräftestudie. 10.10.2005. Zugriff am 4.4.2007.
http://www.berlin-brandenburg.dgb.de/article/view/3897/1/1

Prof. Meier. Berufliche Bildung im Land Brandenburg. 2006. Zugriff am 4.4.2007.
www.unipotsdam.de/u/al/mitarbeiter/meier/lehre/bma2/material/BeruflBildUP.ppt

Tschner (Lektorat). Brandenburger Fachkräftestudie. Hrsg: Ministerium für Arbeit,
Soziales, Gesundheit und Familie des Landes Brandenburg. August 2005. Zugriff am
4.4.2007. http://www.brandenburg.de/media/1336/fb_26_gesamt.pdf

Zu 2

BOGNER, Alexander (2005): Das Experteninterview: Theorie, Methode, Anwendung,
2. Aufl.. Verlag für Sozialwissenschaft – Wiesbaden.

GLÄSER, Johann (2004): Experteninterviews und qualitative Inhaltsanalyse als
Instrumente rekonstruierender Untersuchungen, 1. Aufl. Verlag für Sozialwissenschaft – Wiesbaden.

Zu 3

Dostal, Werner; Reinberg, Alexander (1999): Arbeitslandschaft 2010 * Teil 2:
Ungebrochener Trend in die Wissensgesellschaft. Entwicklung der Tätigkeiten und
Qualifikationen. Nürnberg. Zugriff am 4.4.2007.
http://www.iab.de/asp/internet/dbdokShow.asp?pkyDoku=i991104n01

Fuchs, Johann. Demographische Effekte sind nicht zu bremsen. 27.5.2006. Zugriff
am 4.4.2007. http://doku.iab.de/kurzber/2005/kb1105.pdf

Hummel, M. , Reinberg, A. Fachkräftemangel bedroht Wettbewerbsfähigkeit der
deutschen Wirtschaft. 9.10.2006. Zugriff am 4.4.2007. http://www.tmu-
business.de/Personal_Bewerbung_Karriere_Vermittlung/personal_branchen_news_n
achrichten.php

Hummel, M. , Reinberg, A. Fachkräftemangel bedroht Wettbewerbsfähigkeit der deutschen Wirtschaft. 9.10.2006. Zugriff am 4.4.2007.

http://www.bpb.de/popup/popup_druckversion.html?guid=ST8TQ7

Kröhnert, Medicus. 2006. Die demographische Lage der Nation. Zugriff am 4.4.2007.
http://www. berlin-institut.org/berlin institut_studie_2006.pdf
Klingholz. 31.1.2007. Zugriff am 4.4.2007.
http://www.berlin-institut.org/newsletter/29_31_Januar_2007.html

Reinberg, Alexander. Demographischer Wandel und Fachkräftemangel. Zugriff am 4.4.2007. http://www.eundc.de/pdf/20006.pdf

Dr. Weber, Andreas. 31.Januar 2007, 29. Ausgabe (Newsletter) Zugriff am 4.4.2007.
http://www.berlin-institut.org/newsletter/29_31_Januar_2007.html#Artikel0

Dr. Weber, Andreas. 31.Januar 2007, 29. Ausgabe (Newsletter) Zugriff am 4.4.2007.
http://www.berlin-institut.org/newsletter/29_31_Januar_2007.html#Artikel0

Der Weg in die Wissensgesellschaft. (Zugriff am 4.4.2007.)
http://www.unimagazin.de/200302/08.pdf

www.destatis.de (Zugriff am 4.04.07)

de.wikipedia.org/wiki/Demografischer_Übergang (Zugriff am 4.04.07)

Kurzberichte vom Institut für Arbeitsmarkt- und Berufsforschung unter
http://www.iab.de

Der Weg in die Wissensgesellschaft. Zugriff am 4.4.2007.
http://www.unimagazin.de/200302/08.pdf

Schülerabgangszahlen in Brandenburg Hrsg.; Potsdam am Sonntag. S.10. 21. Mai 2006.

2. Bericht der Landesregierung zum demographischen Wandel. 2004. Zugriff am 4.4.2007. http://www.cor.europa.eu/conferences/brandenburg.pdf

Bundesagentur für Arbeit. Zugriff am 4.4.2007.
http://www.studienwahl.de/index.aspx?e1=2&e2=4&e3=1&e4=0&e5=0&e6=0&tn=0